300년 전 사람의 평균 수명은 37살,
지금은 80살을 훌쩍 넘어 거의 90살.
그 비결은 바로 전염병 물리치기!
온갖 전염병과 싸워 온 의학의 역사를 알아봅시다.

나의 첫 과학책 9

우리는 왜 아픈 걸까?
전염병과 백신

박병철 글 | 이진화 그림

휴먼
어린이

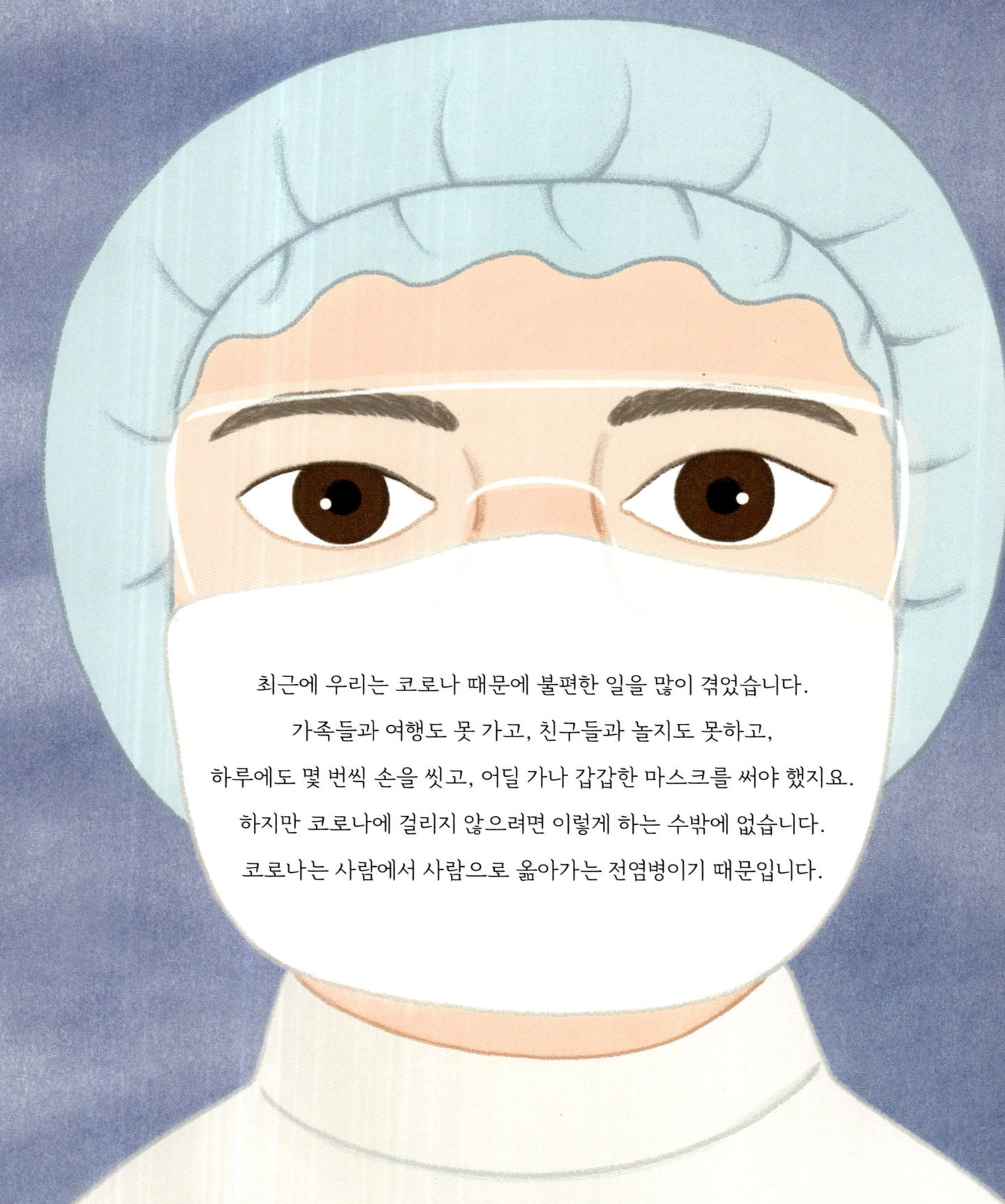

최근에 우리는 코로나 때문에 불편한 일을 많이 겪었습니다.
가족들과 여행도 못 가고, 친구들과 놀지도 못하고,
하루에도 몇 번씩 손을 씻고, 어딜 가나 갑갑한 마스크를 써야 했지요.
하지만 코로나에 걸리지 않으려면 이렇게 하는 수밖에 없습니다.
코로나는 사람에서 사람으로 옮아가는 전염병이기 때문입니다.

옛날 사람들은 질병이 사람을 통해 옮는다는 사실을 전혀 몰랐습니다.
몸이 아픈 것은 하늘이 사람에게 내리는 벌이라고 생각했지요.
그래서 전염병이 돌면 신을 모시는 신전에 모여서
귀한 제물을 바치며 병을 낫게 해 달라고 빌었습니다.
그 결과가 어땠는지 짐작이 가지요? '거리 두기'가 되지 않으니
병이 낫기는커녕, 오히려 환자가 더 많아졌답니다.

200년 전까지만 해도 사람들이 모여 사는 곳은 아주 지저분했습니다.
아기들은 세 명 중 한 명이 1년을 넘기지 못하고 죽었고,
무사히 어른이 되어도 마흔 살을 넘기기 어려웠습니다.
많은 사람들이 결핵이나 장티푸스 같은 병에 걸려서
일찍 세상을 떠났기 때문이지요.
운이 없으면 손톱이 할퀸 상처 때문에 죽는 일도 있었습니다.

이 시대의 의사들은 사람의 몸이 수없이 많은
작은 '세포'들로 이루어진 것을 알고 있었습니다.
작은 것을 크게 확대해서 보여 주는 현미경 덕분이었지요.
또 병에 걸린 사람과 몸이 닿으면 같은 병에 걸린다는
사실도 알아냈지요. 하지만 병에 걸리는 이유와
치료법에 대해서는 아는 것이 거의 없었습니다.
그러던 중 의사들은 수많은 환자를 치료하다가 발견한
새로운 사실에 관심을 갖기 시작했습니다.
환자가 어떤 병에 한 번 걸렸다가 나으면
평생 동안 같은 병에 걸리지 않는 것 같았거든요.

1796년, **에드워드 제너**라는 영국의 의사가 놀라운 사실을 발견했습니다.
당시에는 천연두라는 질병 때문에 많은 사람이 죽었는데,
이상하게도 외양간에서 일하는 하녀들은 이 병에 걸리지 않았지요.

"혹시 외양간 하녀들은 소가 앓는 병에 걸렸다가 나은 것이 아닐까?"

정말로 그랬습니다. 외양간 하녀들은 한결같이 소가 걸리는 천연두인
'우두'에 걸렸었는데, 사람한테는 별로 심각한 병이 아니어서 금방 나았습니다.
그런데 우두를 앓으면서 천연두와 싸우는 능력이 생겼기 때문에
그 후에는 천연두에 걸려도 아프지 않았던 것이지요.

● **천연두** 천연두 바이러스가 일으키는 전염병. 이 병에 걸리면 열이 나고
온몸에 종기가 돋아나는데, 잘못 긁으면 흉터가 평생 동안 남게 됩니다.

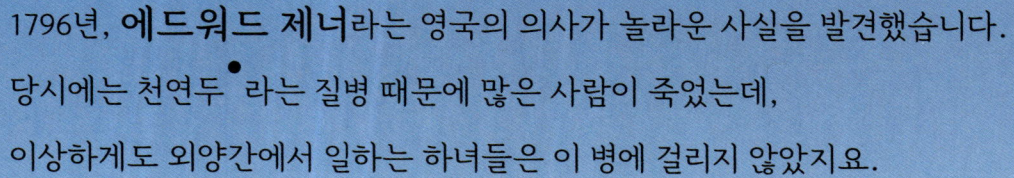

제너는 자신의 생각을 확인하기 위해 여덟 살 소년의 팔에 상처를 내고
우두 고름을 발랐습니다. 일부러 우두에 걸리게 만든 것이지요.
그리고 소년이 우두에 걸렸다가 완전히 나은 후 다시 그 아이의 팔에
진짜 천연두 고름을 발랐습니다. 지금 생각하면 정말 위험천만한 실험이었지요.
하지만 다행히 소년은 끝까지 천연두에 걸리지 않고 살아남았습니다.
우두를 미리 앓으면 천연두에 걸리지 않는다는 제너의 생각이 맞았던 겁니다.
이렇게 탄생한 치료법을 '종두법'이라고 합니다.
요즘 말로 하면 '백신 접종'이지요.

제너 덕분에 천연두로 죽는 사람은 크게 줄어들었지만,
많은 사람이 여전히 다른 질병으로 죽어 가고 있었습니다.
1840년경, 오스트리아의 의사였던 이그나츠 제멜바이스는
자신의 병원에서 아이를 낳은 산모 네 명 중 한 명은 퇴원도 하기 전에
병으로 죽는 것을 보고 무언가 잘못되었다는 것을 깨달았습니다.
그리고 병원에서 일하는 의사들에게 어떤 명령을 내렸더니,
산모가 죽는 일이 훨씬 줄어들었지요.

그 명령이란 바로 "손을 씻어라!"였습니다.
그곳의 의사들이 인체 해부 실험을 하다가 곧바로 산모를 치료하는 바람에
시신의 몸에서 묻은 병균이 곧바로 산모에게 옮은 것입니다.
이렇게 간단한 사실을 몰라서 수백만 명이 죽었다니, 참 황당하지요?
하지만 그 시대의 의사들은 '병균'이라는 것 자체를 몰랐기 때문에
손을 씻으면 환자가 죽지 않는 이유도 까맣게 모르고 있었습니다.

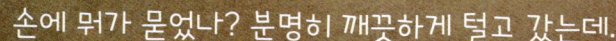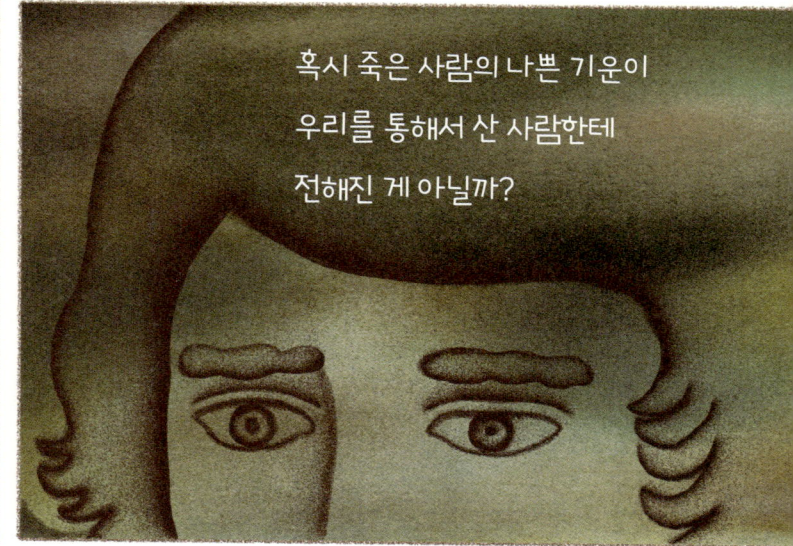

이 모든 궁금증을 해결해 줄 사람이 1822년에 프랑스에서 태어났습니다.
그는 집안이 가난해서 열 살이 다 되어서야 학교에 다니기 시작했지만,
열심히 공부하여 스물일곱 살에 대학 교수가 되었지요.
질병의 원인을 알아내서 사람의 수명을 10년 이상 늘린 의학의 영웅,
그의 이름은 **루이 파스퇴르**였습니다.

포도를 짜서 만든 포도즙에 효모를 넣고
나무통에 담아서 몇 주일 동안 놓아두면 포도주가 됩니다.
사람들은 아주 오랜 옛날부터 술을 만들기 위해 효모를 사용했는데
정작 효모가 어떻게 술을 만드는지는 모르고 있었지요.

파스퇴르는 몇 달 동안 포도즙을 현미경으로 들여다본 끝에
작은 효모 알갱이가 '살아 있는 생명체'라는 놀라운 사실을 알아냈습니다.
사람이 음식을 먹고 대소변과 땀을 배출하는 것처럼,
효모는 과일즙을 먹고 알코올˙을 배출했던 것이지요.
또 파스퇴르는 동그랗게 생긴 효모가 맛있는 포도주를 만들고,
계란처럼 길쭉하게 생긴 효모는 신 포도주를 만든다는 것도 알아냈습니다.
그러니까 좋은 포도주를 만들려면
계란처럼 생긴 효모를 미리 없애기만 하면 됩니다.

● **알코올** 술의 주요한 성분으로, 술을 마신 사람이 취하는 것은 이 알코올 때문이지요.

다행히도 이것은 별로 어렵지 않았습니다.
포도주를 50도까지 데웠더니 계란처럼 생긴 효모는 모두 죽고,
동그란 효모만 살아남았습니다.
이 포도주 가열법은 모든 포도주 공장으로 퍼져 나가서,
프랑스의 포도주 생산량이 크게 늘어났지요.
사람들은 이 방법을 '파스퇴르 살균법' 또는 '저온 살균법'이라고
불렀습니다. 지금도 여러분이 마시는 우유에는 이런 살균법이
적혀 있지요. 몸에 좋은 유산균만 남기고,
해로운 세균이 죽도록 가열했다는 뜻입니다.

그 후 파스퇴르는 '포도주 산업의 구원자'로 불리며 유명해졌지만
여기에 만족하지 않고 효모처럼 작은 '미생물'을 계속 연구했습니다.
알고 보니 미생물의 종류는 효모 외에도 여러 가지가 있고,
그 수가 온 세상을 완전히 뒤덮을 정도로 엄청나게 많았지요.
파스퇴르는 이들을 현미경으로 분석하다가 또다시 놀라운 발견을 했습니다.
미생물 중에는 술이나 빵을 만드는 것도 있지만
사람에게 해를 끼치는 세균도 많이 있었지요.
질병을 일으키는 세균, 즉 **병균**이 파스퇴르의 현미경에 딱 걸린 것입니다.

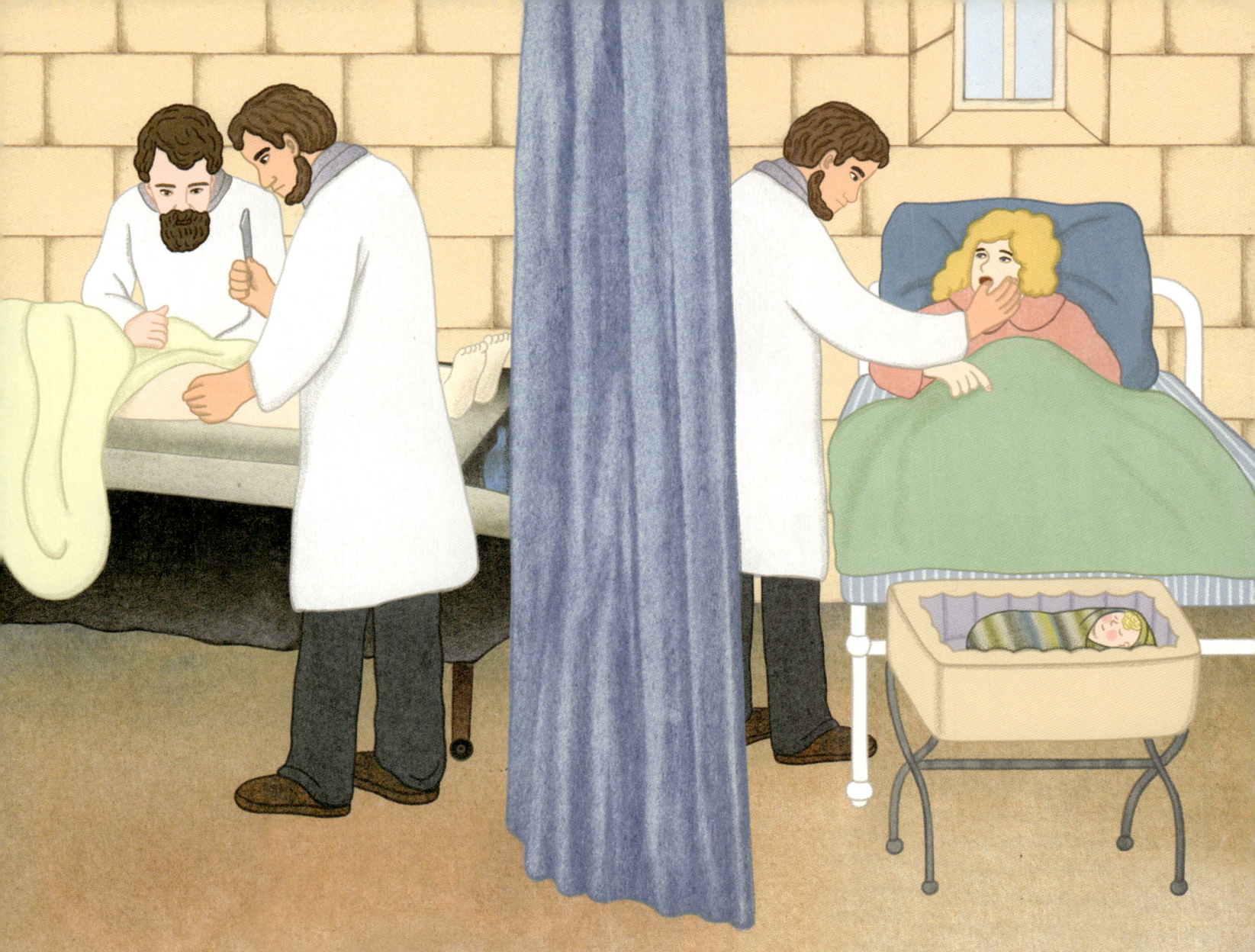

처음에 사람들은 파스퇴르의 말을 믿지 않았습니다.
그렇게 작은 것 때문에 사람이 죽는다니, 속으로 자존심이 상했겠지요.
하지만 파스퇴르의 주장은 사실이었습니다.
제멜바이스의 병원에서 그토록 많은 산모들이 사망한 이유는
시신을 해부할 때 의사의 손에 묻은 병균이
산모를 진찰하면서 옮아갔기 때문이었습니다.
그리하여 파스퇴르는 질병의 원인을 알아낸 영웅으로 떠올랐습니다.

땅에 떨어져서 망가진 스마트폰을 고치는 것보다
떨어져도 망가지지 않도록 튼튼한 케이스를 만들어서 씌우는 것이 훨씬 쉽지요.
질병도 마찬가지여서, 대부분은 치료보다 예방이 쉽습니다.
그래서 과거의 의사들도 치료약보다 예방약을 먼저 개발했답니다.
제너의 종두법도 천연두를 치료하는 것이 아니라, 예방하는 방법이었지요.
파스퇴르는 여기서 힌트를 얻어,
병균을 예방하는 약인 **백신**을
만들기로 마음먹었습니다.

백신이 무엇인지 알기 위해, 한 가지 예를 들어 볼까요?
여기, 권투 챔피언을 꿈꾸는 강철이가 있습니다.
물론 꿈만 꾼다고 챔피언이 될 수는 없지요.
시합에 나가 강한 상대와 싸워서 이겨야 합니다.
그러기 위해서는 평소에 훈련을 해야 하고,
훈련을 할 때는 연습 상대와 진짜처럼 싸워야 합니다.
물론 연습 상대가 너무 강하면
챔피언이 되기 전에 크게 다칠 수도 있으니까
강철이가 이길 수 있는 적당한 상대를 골라서
훈련을 해야겠지요.

몇 달 동안 힘든 훈련을 이겨 낸 강철이는
실력이 부쩍 늘어서 진짜 시합에 나가 강한 상대를 모두
물리치고 드디어 챔피언이 되었습니다. 짝짝짝! 강철이 만세!
백신의 원리는 이것과 아주 비슷합니다.
강철이가 여러분의 몸이라면 연습 상대가 바로 백신이고
강철이가 물리친 강자는 병균에 해당합니다.
진짜 병균보다 조금 약하게 만든 백신을 몸에 넣으면
몸속의 세포(강철이)가 백신(연습 상대)과 싸우면서 전투력을 키웁니다.
그 덕분에 나중에 진짜 병균(강한 상대)과 싸워도 이길 수 있는 것이지요.

1880년 여름에 파스퇴르는 닭 콜레라 병균을 연구하다가
조수에게 "닭 콜레라 병균을 실험용 닭들에게 주사하라."라는 명령을 내리고
다른 일을 보기 위해 한동안 연구소를 떠나 있었습니다.
그런데 조수가 깜빡 잊는 바람에 몇 달 동안 주사를 놓지 못했고,
접시에 담아 둔 콜레라 병균은 거의 죽어 가고 있었지요.
뒤늦게 돌아온 파스퇴르는 약해진 닭 콜레라 병균을 닭에게 주사했는데,
신기하게도 그 닭들은 병을 살짝 앓고 금방 나았습니다.

그리고 얼마 후, 닭들에게 싱싱한 닭 콜레라 병균을 다시 주사했더니
병을 앓는 닭이 단 한 마리도 없었습니다.
몇 달 동안 방치해 둔 병균이 약해지면서 저절로 백신이 된 것입니다.
최초의 백신은 이렇게 만들어졌습니다. 순전히 실수 덕분이었지요.
제너의 종두법도 이와 비슷했지만, 결정적으로 다른 점이 있습니다.
제너는 다른 환자의 물집에서 떠낸 고름을 상처에 발랐는데,
파스퇴르는 순수한 병균을 모아 약하게 만들어서 주사를 놓았습니다.
'대충 떠낸 고름으로 병균을 바르던' 예방법이
84년 만에 '약한 병균만 골라서 주사하는' 백신으로 발전한 것이지요.

포도주와 닭을 구한 파스퇴르는 당연히 사람도 구하고 싶었지만
사람을 대상으로 백신을 실험하기에는 너무 위험했습니다.
그래서 파스퇴르는 광견병에 관심을 갖기 시작했지요.
광견병은 사람과 개가 같이 걸리는 병이어서
일단 개에게 백신을 놓아 효과를 확인할 수 있었기 때문입니다.

파스퇴르는 개를 대상으로 수많은 실험을 반복한 끝에
아주 약한 광견병을 일으킬 수 있는 물질을 만드는 데 성공했습니다.
이것을 건강한 개에게 주사했더니, 그 후 단 한 마리도 광견병에 걸리지 않았습니다.
백신의 효과가 다시 한번 증명된 것입니다.
자, 이제 사람한테 백신 주사를 놓고 결과를 보기만 하면 되는데,
과연 주사를 맞겠다고 나서는 사람이 있을까요?

1885년 7월의 어느 날, 한 여인이 어린 아들을 데리고 파스퇴르를 찾아왔습니다.
조제프 메스테르라는 그 소년은 한 달 전에 개에게 물렸는데,
며칠 전부터 시름시름 앓기 시작했습니다.
그 개가 바로 광견병에 걸린 개였기 때문이지요.
치료를 하지 않고 그대로 두면 그해 여름을 넘기기가 어려울 것 같았습니다.

얼마 전에 만든 광견병 백신이 있는데, 사람한테 사용한 적이 아직 없어서 위험합니다. 그래도 괜찮으시겠습니까?

상관없어요! 지금 우리 아이를 살릴 수 있는 사람은 선생님뿐이에요. 제발 그 주사를 아이에게 놓아 주세요!

파스퇴르는 며칠 간격으로 총 열두 번에 걸쳐 조제프에게 백신을 주사했습니다. 그러는 동안 조제프의 상태는 점점 좋아졌고, 결국 완전히 치료되었지요. 광견병 백신이 개뿐만 아니라 사람까지 낫게 한 것입니다. 이로써 파스퇴르는 사람에게 쓸 수 있는 백신을 최초로 만든 사람이 되었고, 조제프는 백신 덕분에 살아난 최초의 인간이 되었답니다.

JOSEPH MEISTER

그러나 파스퇴르는 광견병을 일으키는 병균을 찾지 못했습니다.
병에 걸린 개의 침을 현미경으로 아무리 살펴봐도
병균처럼 생긴 것은 단 하나도 없었지요.
그 후 1898년에 네덜란드의 생물학자 마르티누스 베이제링크는
광견병을 일으키는 원인이 세균보다 훨씬 작다는 것을
알아내고 그것을 **바이러스**라고 불렀습니다.

바이러스는 세균보다 훨씬 작아서 현미경으로도 볼 수 없었던 것입니다.
세균과 달리 바이러스는 혼자 살 수 없고, 번식도 할 수 없습니다.
하지만 일단 우리 몸의 세포 안에 들어오기만 하면
자기 세상을 만난 듯 활개를 치고 돌아다니면서 온갖 질병을 일으키지요.
바이러스 한 개가 우리 몸 안에 들어오면
한 시간 만에 무려 4만 개로 늘어난답니다.

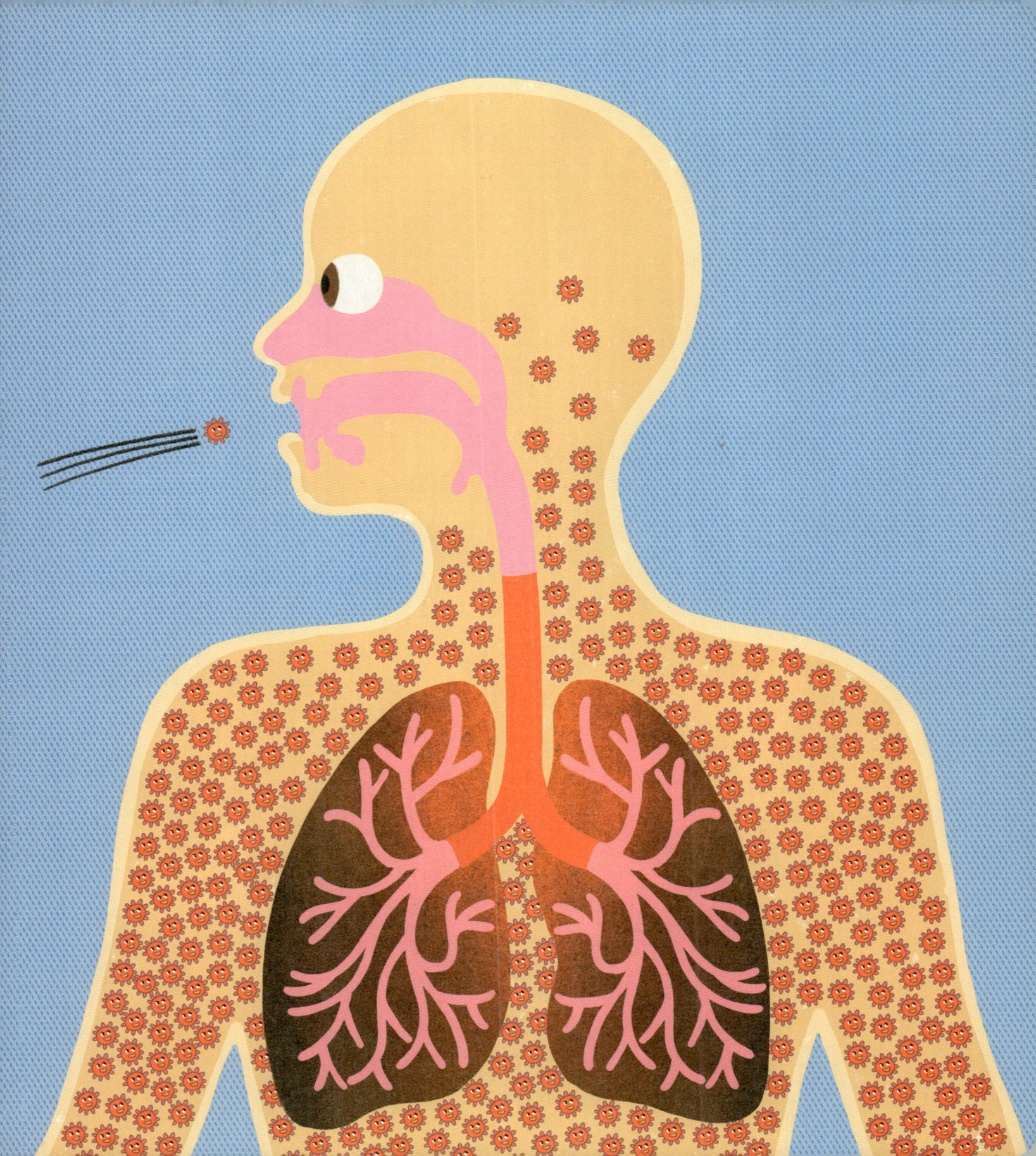

바이러스가 발견된 후 감기, 독감, 소아마비, 대상 포진 등
수많은 질병이 바이러스 때문에 일어나는 것으로 밝혀졌습니다.
또 어떤 바이러스들은 병균처럼 백신을 써서
예방할 수 있다는 것도 알게 되었지요.
그 후로 과학자들은 새로운 병균이나 바이러스가
발견될 때마다 백신을 부지런히 개발하여
많은 질병을 예방할 수 있었습니다.

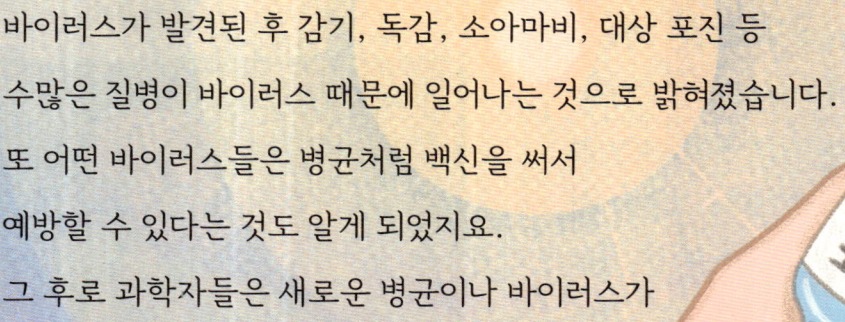

후손들은 이게 다 내 덕분이라고 하더구먼. 허허, 당연하지!

영국 사람들은 내 덕분이라고 하던데?

파스퇴르

제너

백신 개발 시기

1796년 — 천연두 — 바이러스
1885년 — 광견병 — 바이러스
1897년 — 발진 티푸스 — 병균
1960년대 — 홍역, 풍진, 볼거리 — 바이러스
1950년대 — 소아마비 — 바이러스
1923년 — 디프테리아 — 병균
1980년 — 면역 결핍증(HIV) — 바이러스
2003년 — 사스(SARS) — 바이러스
2012년 — 메르스(MERS) — 바이러스
2020년 — 코로나-19(COVID-19) — 바이러스

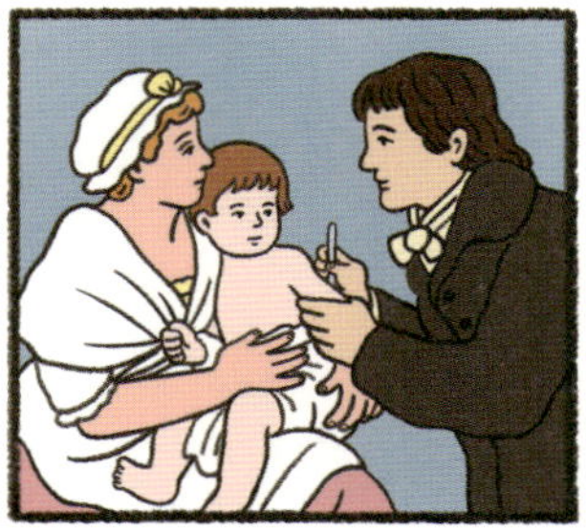

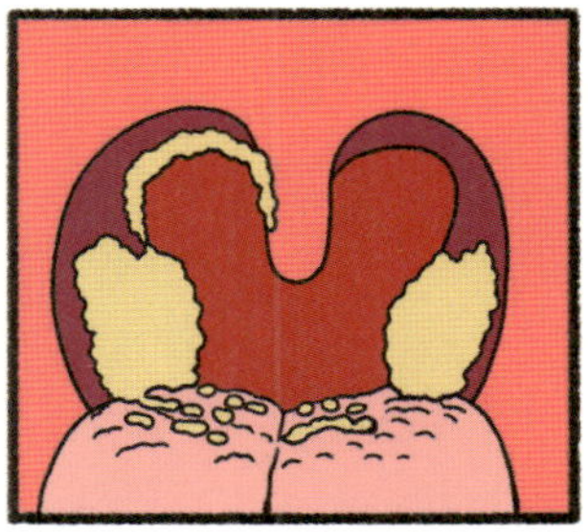

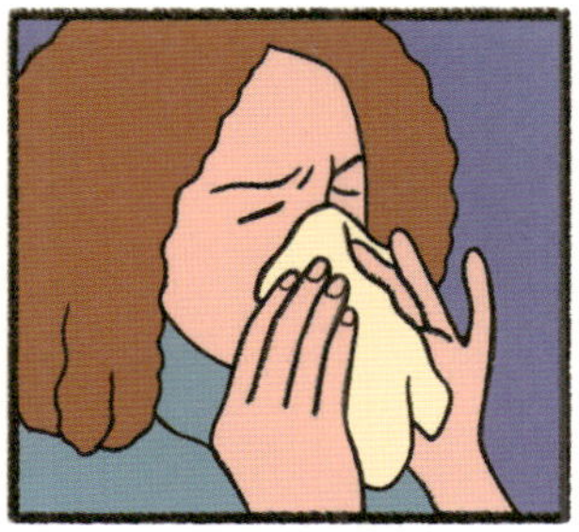

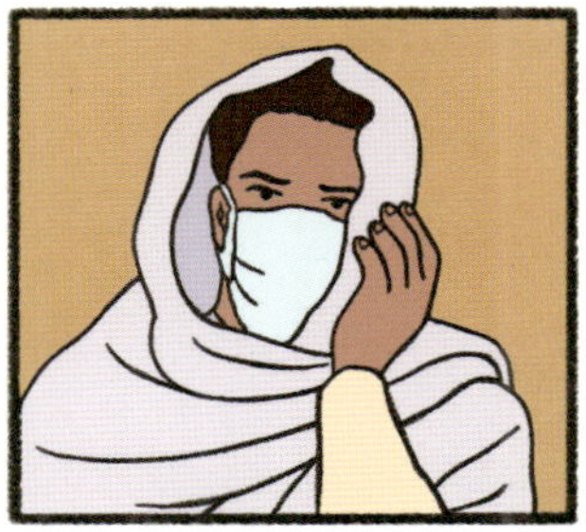

그러나 백신으로 모든 문제를 해결할 수는 없었습니다.

백신 주사를 맞기 전에 병에 걸리는 사람도 아주 많았기 때문입니다.

권투 꿈나무 강철이가 훈련을 하기도 전에 강한 상대를 만나서 흠씬 두들겨 맞고 기절한 경우와 비슷하지요.

그렇다고 이제 와서 만신창이가 된 강철이에게 훈련을 시킬 수도 없으니,

강철이를 살리려면 누군가가 나서서 강한 상대를 직접 쓰러뜨리는 수밖에 없습니다.

이 역할을 하는 것이 바로 **치료제**입니다.

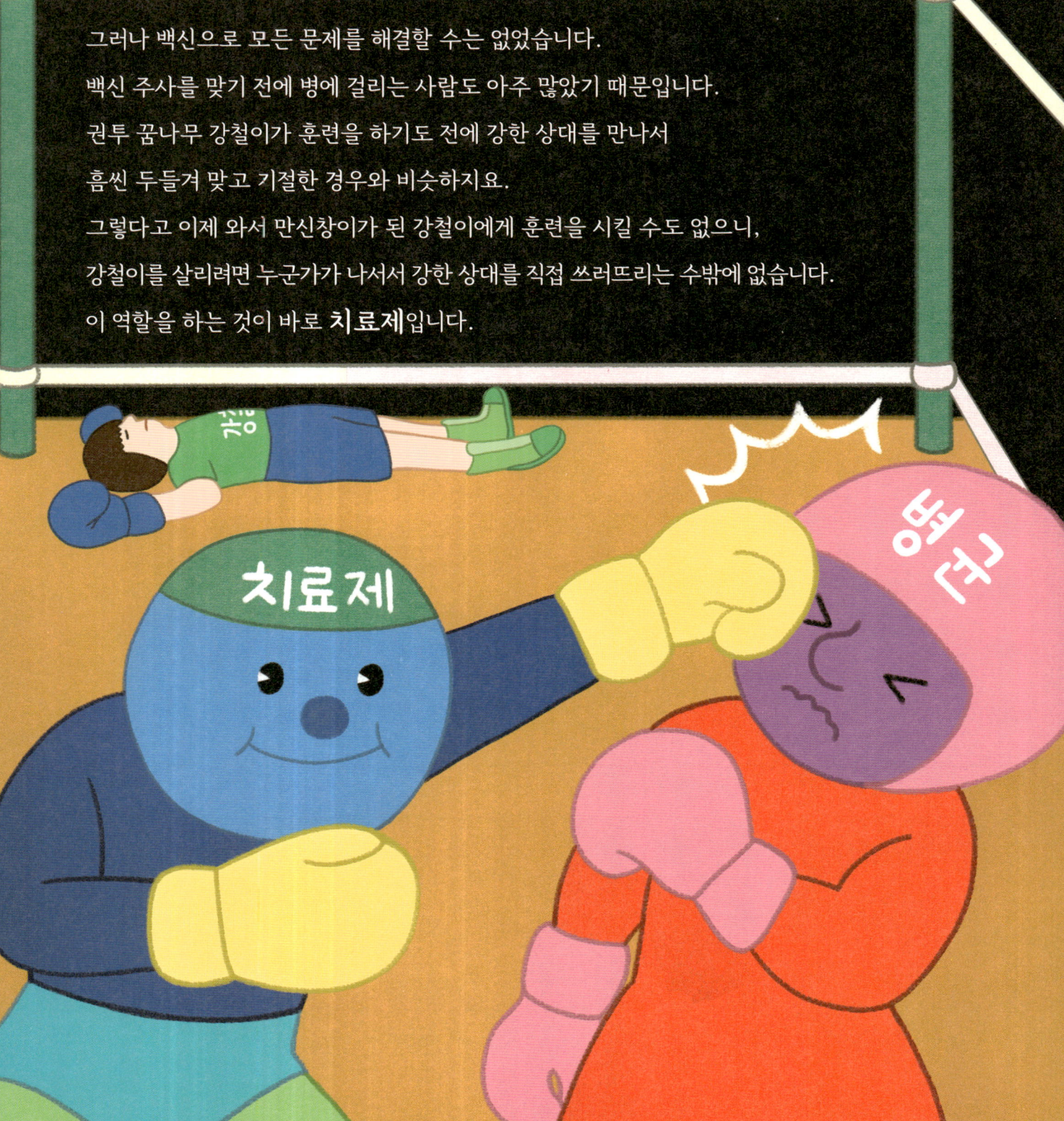

최초의 치료제는 우연히 발견되었습니다.
1928년, 영국의 의사 알렉산더 플레밍은 '포도상 구균'이라는 병균을 연구하던 중
병균이 들어 있는 접시의 뚜껑을 제대로 닫지 않은 채
휴가를 떠났습니다. 몇 주일 후 돌아와 보니
병균 접시에 푸른곰팡이가 잔뜩 끼었는데,
놀랍게도 그 곰팡이가 병균을 죽이고 있었지요.
원래 푸른곰팡이의 이름이 '페니실리움'이었기 때문에,
이것을 이용해서 만든 치료제를 **페니실린**이라고
부르게 되었답니다.

그 후 과학자들은 다른 곰팡이도 다른 병균을 죽인다는 사실을 알아내어 곰팡이를 이용한 여러 가지 치료제를 개발했습니다.
요즘 우리가 **항생제**라고 부르는 약이 바로 그것입니다.
그 덕분에 결핵, 파상풍, 패혈증 등을 치료하는 항생제가 만들어져 지금까지 거의 3억 명에 가까운 사람들의 생명을 구했습니다.
플레밍은 이 공로를 인정받아 1945년에 노벨상을 받았습니다.
참고로, 노벨상은 1901년에 만들어졌기 때문에
1895년에 세상을 떠난 파스퇴르는 받을 수 없었지요.

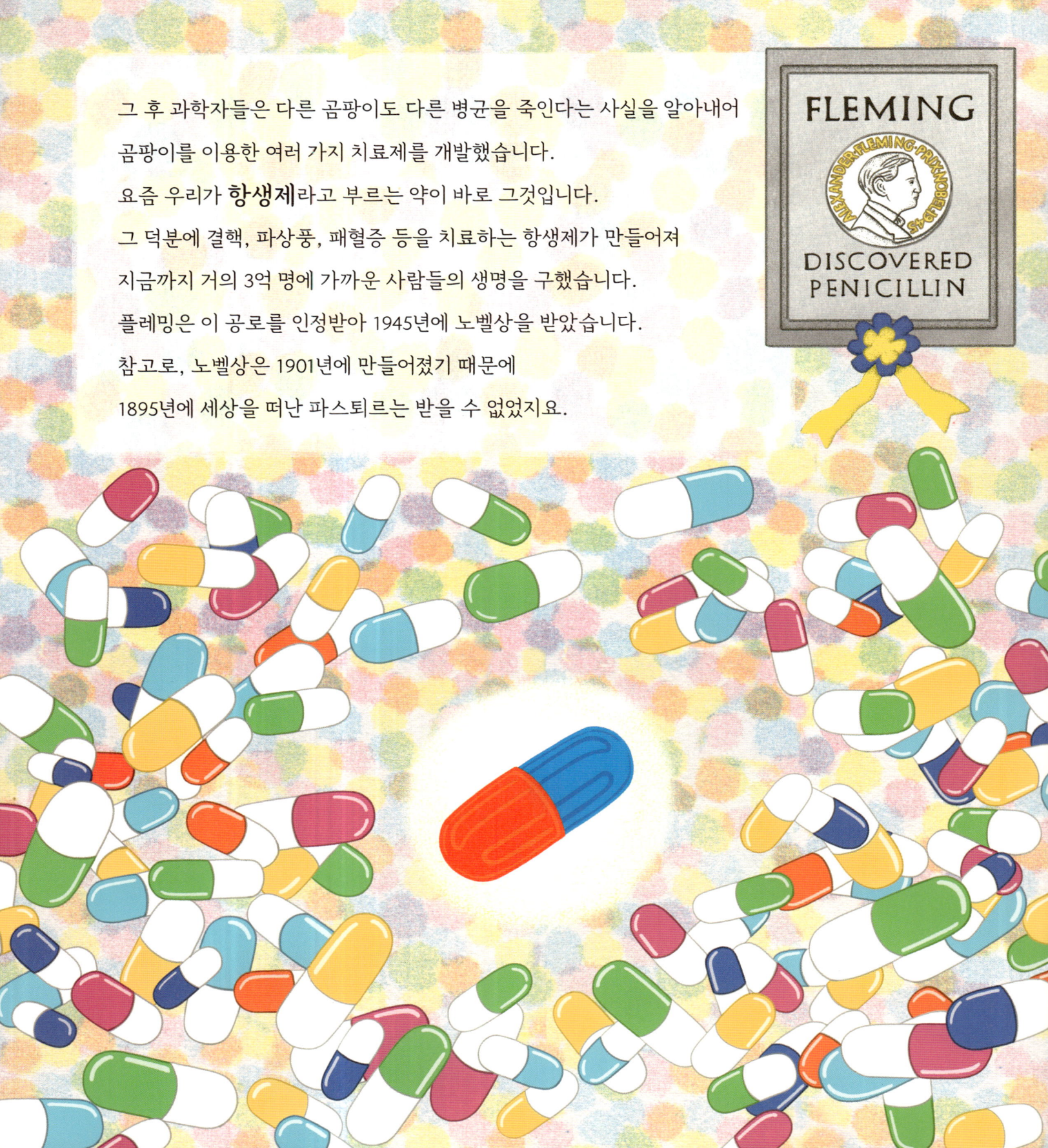

그러나 항생제는 바이러스를 죽이지 못합니다.
바이러스 때문에 생긴 병을 치료하는 약을 **항바이러스제**라고 하는데,
항생제보다 만들기가 훨씬 어렵습니다.
병균이 '대문 앞까지 쳐들어온 적군'이라면
바이러스는 '우리 집에 몰래 들어온 도둑'에 가깝습니다.
적이 집 바깥에 있으면 총을 쏘고 폭탄도 던져서 물리칠 수 있지만
도둑을 잡겠다고 우리 집에 대포를 쏠 순 없지요.
집을 망가뜨리지 않고 도둑만 잡아내기가 어렵기 때문에,
항바이러스제를 만들기가 어려운 것입니다.

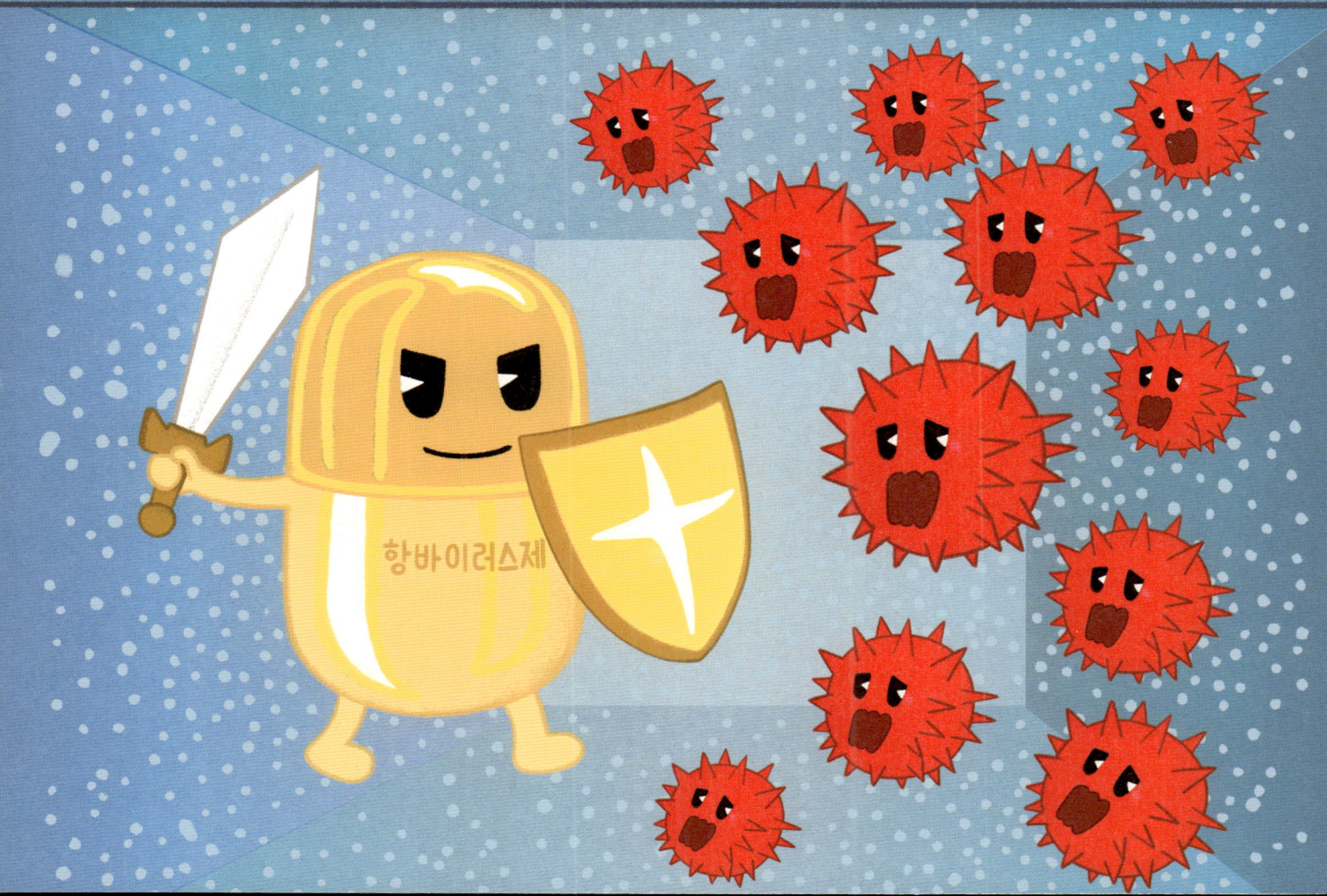

다윈의 진화론은 병균과 바이러스에게도 적용됩니다.
갈라파고스섬의 핀치새가 환경에 맞게 부리의 모양을 바꾼 것처럼,
병균과 바이러스도 환경이 변하면 거기에 맞게 모양을 바꿉니다.
게다가 이들은 생긴 게 단순해서 아주 빠르게 변신할 수 있지요.
새로운 항생제가 나오면 거기에 적응한 새로운 병균이 등장하고,
새로운 백신이나 항바이러스제가 나오면
거기에 적응한 바이러스가 나타나 또다시 극성을 부립니다.

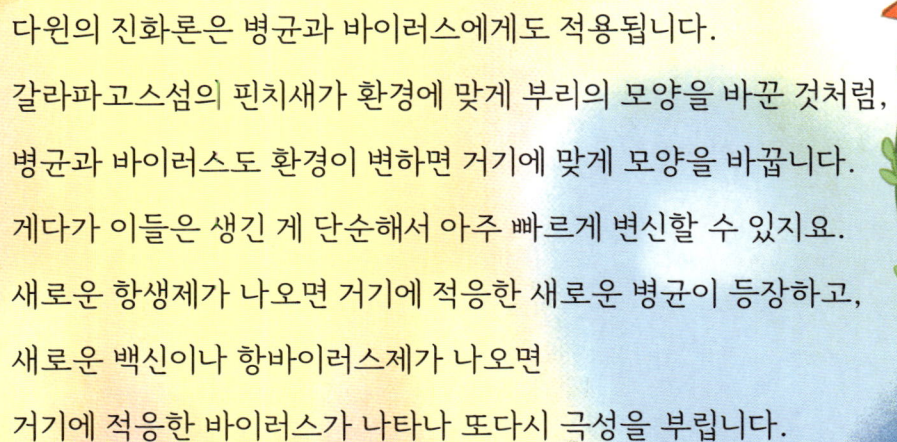

갈라파고스섬의 핀치새

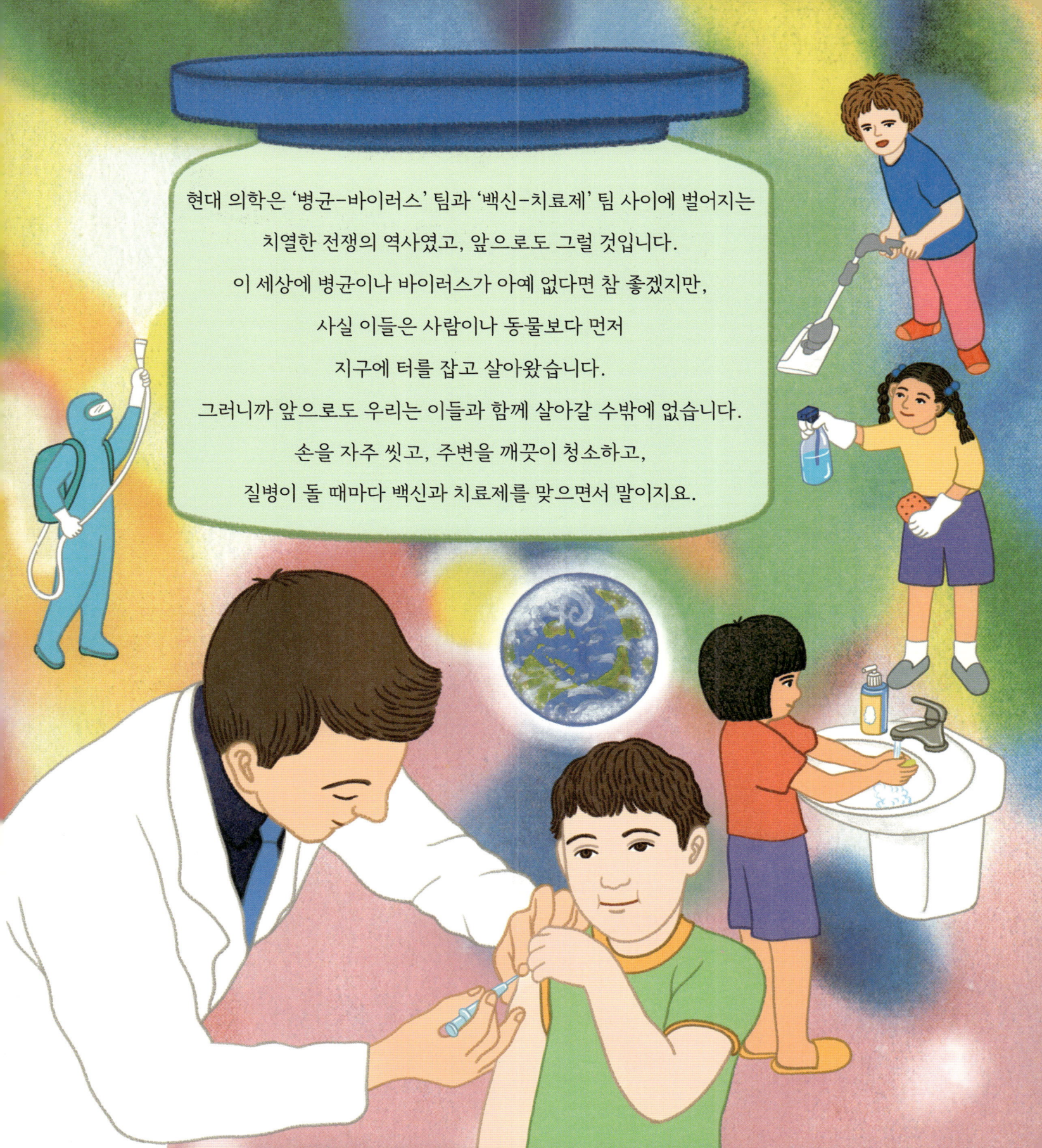

현대 의학은 '병균-바이러스' 팀과 '백신-치료제' 팀 사이에 벌어지는 치열한 전쟁의 역사였고, 앞으로도 그럴 것입니다.
이 세상에 병균이나 바이러스가 아예 없다면 참 좋겠지만, 사실 이들은 사람이나 동물보다 먼저 지구에 터를 잡고 살아왔습니다.
그러니까 앞으로도 우리는 이들과 함께 살아갈 수밖에 없습니다.
손을 자주 씻고, 주변을 깨끗이 청소하고, 질병이 돌 때마다 백신과 치료제를 맞으면서 말이지요.

 나의 첫 과학 클릭!

착한 세균들

세균은 종류가 엄청나게 많아서, 지금까지 발견된 것만도 2000가지가 넘습니다.

이들이 사람 몸속에 들어오면 결핵, 디프테리아, 패혈증, 콜레라 등 많은 질병을 일으키지요.

그런데 세균은 무조건 해로운 걸까요?

그렇지 않습니다. 세균 중에서 병을 일으키는 것은 병균이고,

병균이 아닌 세균 중에는 오히려 우리에게 이로운 것도 많이 있답니다.

포도주를 발효시키고 빵을 만드는 데 쓰는 효모와

우유, 치즈, 요거트 등에 들어 있는 유산균도 세균입니다.

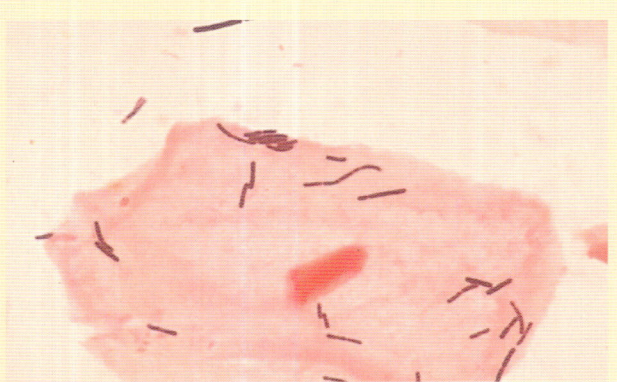
현미경으로 본 몸속 유산균

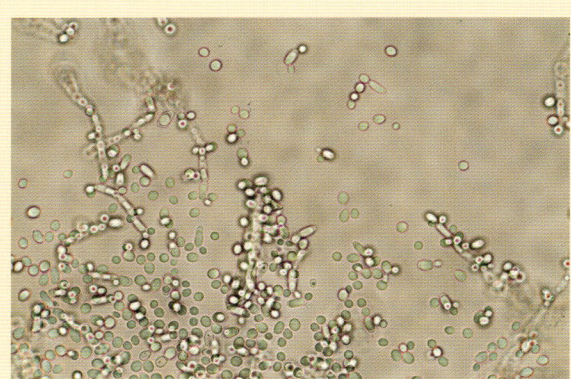
현미경으로 본 효모

또한 우리 몸속 내장 속에 살면서 소화를 돕는 장내 세균,

피부에 살면서 바깥에서 병균이 들어오는 것을 막아 주는 피부 세균 등도

착한 세균에 속하지요.

그리고 결정적으로, 페니실린(항생제)의 재료인 푸른곰팡이도

나쁜 세균을 죽이는 고마운 세균이랍니다.

세균이 없으면 빵, 우유, 포도주, 간장을 먹을 수 없고

사람의 목숨을 구하는 항생제도 만들 수 없습니다.

옛말에 '죄는 미워해도 사람은 미워하지 말라'고 했는데,

이 정도면 '병균은 미워해도 세균은 미워하지 말라'는 말도 추가해야겠네요.

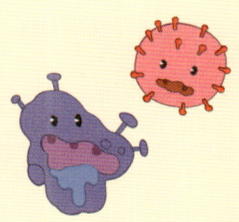

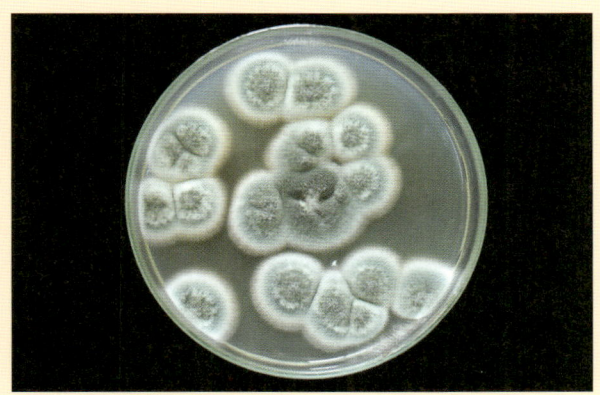

푸른곰팡이가 핀 모습

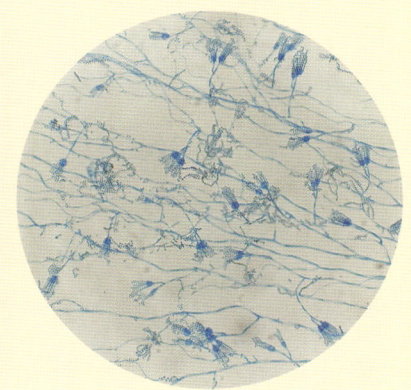

현미경으로 본 푸른곰팡이

 나의 첫 과학 탐구

코로나-19 바이러스란?

코로나-19(COVID-19)는 2019년에 중국에서 첫 감염자가 발생한 후 전 세계로 빠르게 퍼져 나간 신종 바이러스입니다.
2002년에 일부 아시아 국가에서 사스(정식 이름은 사스-코로나 바이러스)라는 바이러스가 발생하여 8개월 동안 거의 800명이 사망한 적이 있는데, 코로나-19는 이 바이러스의 변종으로 알려져 있습니다.
처음 발견된 후 3년 동안 우리나라에서는 3만 명이 넘게 사망했고, 전 세계 사망자 수는 무려 660만 명이나 되었지요.
그런데 한 가지 이상한 것이 있습니다. 2020년에 하루 확진자 수가 몇천 명일 때보다 그 열 배인 수만 명에 달했을 때 정부의 방역 정책은 오히려 느슨해졌습니다.
사람들이 위험에 둔감해진 것일까요?
아닙니다. 방역 정책이 느슨해진 이유는 코로나의 변종 바이러스가 원래 코로나보다 훨씬 약해졌기 때문입니다.
바이러스도 세균처럼 새로운 환경에 적응하는 능력이 아주 뛰어나서, 새로운 백신이 나오면 거기에 견딜 수 있는 형태로 변신을 시도합니다.
그런데 바이러스는 세균과 달리 사람의 세포 안에 빌붙어 살기 때문에,

사람이 죽으면 바이러스도 죽습니다.
즉, 바이러스의 입장에서는 사람이 죽지 않고 오래 살아야
자기에게도 유리한 것이지요. 그래서 바이러스는 세월이 흐를수록
'전염은 잘 되면서 사람에게 덜 해로운 쪽'으로 진화하는 경향이 있습니다.
실제로 코로나 바이러스가 '코로나-19 → 코로나-19-델타 →
코로나-19-오미크론 → 코로나-19-스텔스 오미크론'으로 변이하는 동안
확진자 수는 엄청나게 늘었지만 사망자는 그 정도로 늘어나지 않았습니다.
코로나 바이러스가 '사람과 더불어 사는 쪽으로' 작전을 바꾼 것이지요.
이런 현상은 과거에도 있었고, 앞으로도 계속 반복될 것입니다.
바이러스가 약해졌다고는 하지만, 그래도 방심은 금물입니다.
정부에서 발표한 방역 지침은 이 분야의 최고 과학자들이
연구에 연구를 거듭하여 내놓은 결과이므로, 무조건 지키는 것이 현명합니다.
특히 밖에 나갔다가 집으로 돌아왔을 때 손부터 씻는 거, 절대 잊지 마세요!

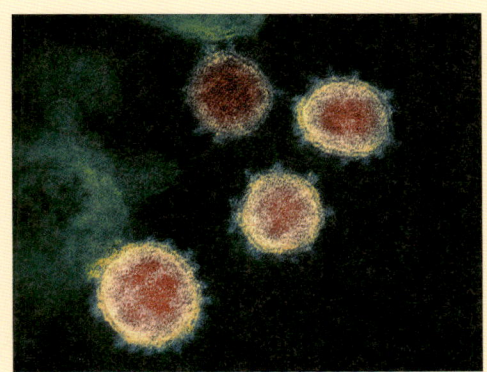
현미경으로 본 코로나-19 바이러스

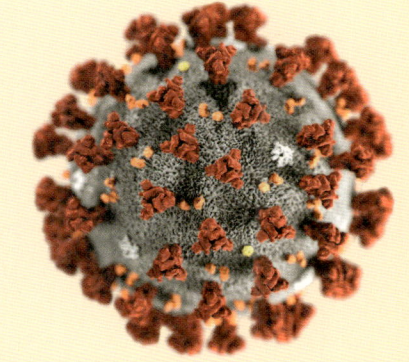
컴퓨터 그래픽으로 만든 코로나-19 바이러스 모형

글 박병철

연세대학교 물리학과를 졸업하고 한국과학기술원(KAIST)에서 이론물리학 박사 학위를 받았습니다. 30년 가까이 대학에서 학생들을 가르쳤으며 지금은 집필과 번역에 전념하고 있습니다. 어린이 과학동화 《별이 된 라이카》, 《생쥐들의 뉴턴 사수 작전》, 《외계인 에어로, 비행기를 만들다!》를 썼습니다. 2005년 제46회 한국출판문화상, 2016년 제34회 한국과학기술도서상 번역상을 수상했으며, 옮긴 책으로는 《페르마의 마지막 정리》, 《파인만의 물리학 강의》, 《평행우주》, 《신의 입자》, 《슈뢰딩거의 고양이를 찾아서》 등 100여 권이 있습니다.

그림 이진화

홍익대학교 미술대학을 졸업했습니다. GIVENCHY 디자인실에서 근무했고, 지금은 어린이를 위한 그림을 그리고 있습니다. 2020년 볼로냐국제아동도서전 '올해의 일러스트레이터'로 선정되었고, 일본 히로시마 미술대학 월드아트어워즈, 신한 새싹만화공모전, 제2회 미래엔 창작글감공모전에서 수상했습니다. 그린 책으로 《봉봉이의 아주 특별한 모자》, 《뜬구름》, 《코끼리 목욕통》, 《닐스의 모험》, 《과학특공대-메타버스 놀이공원에서 만나!》, 《수학특공대-함께 먹으면 더 맛있어》 등이 있습니다.

나의 첫 과학책 9 — 전염병과 백신

1판 1쇄 발행일 2023년 3월 27일

글 박병철 | **그림** 이진화 | **발행인** 김학원 | **편집** 이주은 | **디자인** 기하늘
저자·독자 서비스 humanist@humanistbooks.com | **용지** 화인페이퍼 | **인쇄** 삼조인쇄 | **제본** 영신사
발행처 휴먼어린이 | **출판등록** 제313-2006-000161호(2006년 7월 31일) | **주소** (03991) 서울시 마포구 동교로23길 76(연남동)
전화 02-335-4422 | **팩스** 02-334-3427 | **홈페이지** www.humanistbooks.com
사진 출처 코로나-19 현미경 사진 ⓒ NIAID(미국 국립 알레르기·전염병 연구소) / Flickr / CC BY 2.0

글 ⓒ 박병철, 2023   그림 ⓒ 이진화, 2023
ISBN 978-89-6591-484-6 74400
ISBN 978-89-6591-456-3 74400(세트)

- 이 책은 저작권법에 따라 보호받는 저작물이므로 무단 전재와 무단 복제를 금합니다.
- 이 책의 전부 또는 일부를 이용하려면 반드시 저작권자와 휴먼어린이 출판사의 동의를 받아야 합니다.
- **사용연령 6세 이상** 종이에 베이거나 긁히지 않도록 조심하세요. 책 모서리가 날카로우니 던지거나 떨어뜨리지 마세요.